ヨーロッパ・アジア
9カ国紀行

原種の花たち＿1

チューリップ

TULIPS IN THE WILD

冨山 稔 著

株式会社
文一総合出版

カザフスタンのアクス・ジャバグリ自然保護区近郊のグレイギイ（*Tulipa greigii*）大群落。
これまでに花を求めて55カ国に旅を続けてきたが、あらゆる花を含め、これだけの群落を見たことはない

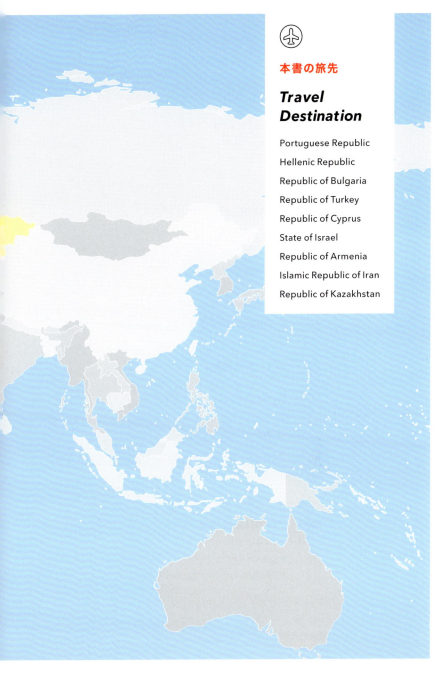

本書の旅先

Travel Destination

Portuguese Republic

Hellenic Republic

Republic of Bulgaria

Republic of Turkey

Republic of Cyprus

State of Israel

Republic of Armenia

Islamic Republic of Iran

Republic of Kazakhstan

もくじ チューリップ

- 4 　本書の旅先
- 10 　チューリップとは

🇵🇹 ポルトガル共和国

- 15 　❶ *Tulipa australis* (アウストラリス)
- 16 　❷ *Tulipa sylvestris* (シルヴェストリス)

🇬🇷 ギリシア共和国

- 19 　❸ *Tulipa bakeri* (バケリイ)
- 22 　❹ *Tulipa saxatilis* (サクサティリス)
- 24 　❺ *Tulipa cretica* (クレティカ)
- 26 　❻ *Tulipa doerfleri* (ドエルフレリ)
- 28 　❼ *Tulipa undulatifolia* (ウンジュラティフォリア)

🇧🇬 ブルガリア共和国

- 31 　❽ *Tulipa sylvestris* (シルヴェストリス)
- 32 　❾ *Tulipa urumoffii* (ウルモフィイ)

トルコ共和国

- 35 ⑩ *Tulipa sintenisii*（シンテニシイ）
- 38 ⑪ *Tulipa cinnabarina*（キンナバリナ）

キプロス共和国

- 41 ⑫ *Tulipa agenensis*（アゲネンシス）
- 42 ⑬ *Tulipa cypria*（シプリア）
- 44 ⑭ *Tulipa akamasica*（アカマシカ）

イスラエル国

- 47 ⑮ *Tulipa agenensis*（アゲネンシス）
- 50 ⑯ *Tulipa systra*（シストラ）
- 52 ⑰ *Tulipa polycroma*（ポリクローマ）

アルメニア共和国

- 55 ⑱ *Tulipa julia*（ユリア）
- 56 ⑲ *Tulipa sosnovskyi*（ソスノフスキイ）
- 58 ⑳ *Tulipa florenskyi*（フローレンスキィ）
- 60 ㉑ *Tulipa confusa*（コンフーサ）

- 62 コラム「ボタニカルガイド」

🇮🇷 イラン・イスラム共和国

- 65 ㉒ *Tulipa systla* (シストラ)
- 66 ㉓ *Tulipa humilis* (フミリス)
- 68 ㉔ *Tulipa schrenkii* (シュレンキイ)
- 71 ㉕ *Tulipa montana* (モンタナ)
- 74 ㉖ *Tulipa biebersteiniana* (ビエベルシュタイニアナ)
- 76 ㉗ *Tulipa micheliana* (ミケリアナ)
- 80 ㉘ *Tulipa hoogiana* (フーギアナ)
- 82 ㉙ *Tulipa biflora* (ビフローラ)
- 84 ㉚ *Tulipa ulophilla* (ウロフィラ)

植物名の表記

植物でも動物でも生物の正式な名称は、ラテン語による学名（属名＋種小名）で表し、イタリック表記が原則です。日本に自生する植物は、昔から呼ばれている名前を和名として表します。しかし、海外の植物には当然和名がほとんどなく、あるとすれば園芸名です。しかし、園芸名は複数の名前がある場合もあり、一定でないことが多いです。海外の植物も和名と同じように外国では学名のほかにその国の言葉で呼ばれる植物名があります。海外の植物の名前は正式には学名（ラテン語）だけですが、現実には、一般を対象とした文書などでは学名のカタカナ読みを添えることが多いです。このカタカナの読み方は、本来のラテン語の発音に近い音をカタカナで表していますが、土地の名前からとった学名や人の名前に因む学名などは、その国などの読み方を音にしてカタカナ表記にすることがあります。また、チューリップのように学名に準じた発音でカタカナ表記にする「チューリッパ」以外に、一般に慣れ親しんだ「チューリップ」と表記する場合もあります。なお、学名の難しいところは、ある研究者が同一の植物を違う植物として認識して、別の名前をつけることも稀ではありません。いわば学名は研究者の学説と言えます。また、国によっても異なることもあります。本書ではその国の学者が使用している学名を原則として使っています。

🇰🇿 カザフスタン共和国

87	㉛	*Tulipa kaufmanniana* (カウフマニアナ)
90	㉜	*Tulipa buhseana* (ブーセアナ)
92	㉝	*Tulipa binutans* (ビヌータンス)
94	㉞	*Tulipa kolpakowskiana* (コルパコフスキアナ)
96	㉟	*Tulipa ostrowskiana* (オストロフスキアナ)
98	㊱	*Tulipa zenaidae* (ゼナイダエ)
100	㊲	*Tulipa heterophylla* (ヘテロフィラ)
102	㊳	*Tulipa dasystemon* (ダシィステモン)
104	㊴	*Tulipa tetraphylla* (テトラフィラ)
106	㊵	*Tulipa greigii* (グレイギイ)
110	㊶	*Tulipa bifloriformis* (ビフロリフォルミス)
112	㊷	*Tulipa turkestanica* (トゥルケスタニカ)
114	㊸	*Tulipa alberti* (アルベルティ)
116	㊹	*Tulipa behmiana* (ベーミアナア)
118	㊺	*Tulipa regelii* (レゲリイ)
120	㊻	*Tulipa lemmersii* (レメルシイ)

122	園芸チューリップの歴史
126	索引(学名・カタカナ)
128	著者プロフィール

基本的な用語集

原種:品種改良などされていない、自然のままの植物。野生種のこと
亜種・変種:種よりもさらに細かい分類。学名では sp.(亜種)、var.(変種)と表記する
シノニム:同じ植物に正式な学名のほかに異なる名前がついている状態。異名ともいう

Tulip

1. カウフマニアナ（*Tulipa kaufmaniana*）。カザフスタンの天山山脈北麓は、春になると麦が少しずつ伸び始め、その片隅に花を咲かせる。遠くに雪のついた、天山山脈が見える

♦ **チューリップとの出会い**

　1990年の4月に朝日新聞社から発行された『世界花の旅』（1）に野生のチューリップの写真が載っていました。撮影地はソ連のウズベク共和国ガザルケント、これが私が見た最初の野生のチューリップの写真です。このころは、まだソ連に含まれていたウズベキスタンの首都タシケント近くの場所が撮影地になっていました。その写真は種名がわからなかったのか、種名についてはなにも書かれていませんが、今見ると、明らかにチューリッパ・カウフマニアナ（*Tulipa kaufmanniana*）です。後年、このチューリップをたくさん見ることになるとは思いもしなかったころの思い出です。チューリップの原種（野生種）を見ることは大変難しいという印象が残っていました。

2. チューリップの分布は北緯30度と45度の間にほぼ収まる
3. イランのトーチャル山、3,400mの岩礫地の高地に咲くフミリス（*Tulipa humilis*）
4. カザフスタン、アクス・ジャバグリ国立自然保護区の急峻な谷間

♦ チューリップの分布

　チューリップの原種の自生地は、おおむね北緯30度から45度の範囲に収まります。西は地中海沿岸の国々から、東はトルコと中央アジアのチューリップ最大の自生地、カザフスタンの天山山脈北麓を含み、中国の天山山脈も一部含まれます。オランダがチューリップの故郷のように言われますが、これはチューリップの球根の生産国であって、自生するチューリップはまったくありません。次に、トルコがチューリップをオランダにもたらしたので、トルコがチューリップの故郷だということも言われますが、確かにトルコはチューリップの原種が自生していますが、その数は17種でしかありません。本当は、チューリップの原種の故郷は天山山脈の北麓で、その中心のカザフスタンは35種ものチューリップが自生しています。

Tulip ✶✶✶✶✶✶✶✶✶✶✶✶✶✶✶✶✶✶✶

♦ チューリップの原種

　チューリップはヨーロッパでは、とくに文化的な要素が強く、オランダでチューリップ狂時代（17世紀前半）を引き起こし、社会事象にもなって、一般の人々の耳目を集めました。

　また、長らく園芸の中心的な役割を担い、現代も園芸界の中心の花と言ってよいでしょう。日本では、チューリップがあまりにも園芸の花として、春にあらゆる庭を埋め尽くすので、原種のチューリップがほとんどイメージされてきていません。しかし、チューリップにも原種があって、地中海沿岸から中央アジアの天山山脈の北麓に多くの種類が咲き競っています。

　この本では、世界各地の野生のチューリップが、いかに自然の美しさを発揮して、多様な世界をつくり上げているかを、お見せします。

♦ チューリップの分類

　チューリップはまだ「種」として進化の最中ではないかと思われます。種としての独立性が判然としないチューリップが多いように見受けられ、国によって、同一種を別種としているものさえあります。同一種でも、独立種としたり、ある種の亜種としたりして、学者によって扱いが違うことも稀ではありません。もちろん、チューリップそのものの地域変異が多いことも一因です。同じ種でも地域的に変異が安定していれば亜種として扱うこともできますが、その変異の段階が安定しなかったり、個体変異の幅が大きすぎたりすれば、厄介な問題になります。また、チューリップは花弁の変化が大きく、同じ種が同じ場所で、赤い花と黄色の花が咲くこともあり、分類上の意見が異なることも無理はないような気がします。植物の「学名は研究者の学説」ということの意味がよくわかります。

　チューリップにおいては、とくに園芸的にも利用されることも多く、研究者の学説も多いということでしょう。また、それだけチューリップの美しさに人々の興味が集中しているのかもしれません。したがって、野生のチューリップの種類数も確定しないことになります。とりあえず、チューリップの原種は50〜60種から100種前後と言われていますが、分類学上の問題からして、このような概数もやむを得ないのかも知れません。

♦ チューリップの花

チューリップはユリ科に属し、花弁は6枚。これまでじつに多くのチューリップを見てきましたが花弁の数の多い、多弁化した花は非常に稀。花全体の形は半開きか、やや樽型か多少の変化があります。花弁の色は赤、白、黄色が中心です。

クレイギイ（*Tulipa gereigii*）の花。
典型的な樽型の形の花

ポリクローマ（*Tulipa polychroma*）
ほとんどの花は半開きの形

♦ チューリップの葉

葉を見ただけでわかる特徴的な単子葉植物の葉で、根際から出ます。葉の数や幅などは多様です。ふつう葉の表面は平滑ですが、唯一例外がレゲリイ（*Tulipa regelii*）です。

シュレンキイ（*Tulipa schrenkii*）
葉の数は多い、少ないがあり、幅も多様だ

レゲリイ（*Tulipa regelii*）葉の表面に縦に深いひだが並ぶ。葉裏はひだがない

🇵🇹　**ポルトガル共和国**

Portuguese Republic

　ヨーロッパのもっとも西に位置するポルトガルは、穏やかな農業国と言ってよい。ポルトガルのあるイベリア半島は、ヨーロッパの中で植生の豊かなことで知られる。とりわけポルトガルは半島の最西端に位置し、地中海には面していないものの、地中海性気候に支配され、氷河期の大きな影響も受けずに過ごし、豊かな植生が広がる。とくに春は地中海性気候の花が素晴らしく、スペインと並んでイベリア半島の植物を象徴するスイセンの仲間が多い。そのほかの興味深い植物にも恵まれていて、冬に雨が多く降り、夏は暑く乾燥する地中海性気候では球根植物が象徴的な植物だ。チューリップも地中海性気候の球根植物と言ってよいだろう。スイセンやクロッカス、アネモネ、スノードロップなどと同じように、長く乾燥した夏を球根の状態で乗り切り、冬の雨が終わったころ、一気に花を咲かせる。

ポルトガルの南西端、サン・ヴィセンテ岬の灯台。
3月になると石灰岩の断崖上には、ペチコートスイセンや固有のハンニチバナが咲き、春を知らせる

① チューリッパ・アウストラリス

Tulipa australis

ポルトガルの南端、アルガルベ地方に春の植物を見に行ったときのこと。山に向かう林道に違った花はないかと入り込むと、道の先には疎林があり、その下草に数本の黄色の花が見えた。よく開いた黄色の花弁に、しばらくなんの花か理解できなかった。カザフスタンでたくさんのチューリップを見ていたのに、暖かいポルトガルにチューリップが咲くとは思ってもいなかった。いわば、不意を突かれた思いだった。

1-1. ヨーロッパに広く分布を広げている。ヨーロッパの最西端に分布するチューリップでシルヴェストリス（p.16）の亜種とする学者もいる（3月撮影）

❷ チューリッパ・シルヴェストリス
Tulipa sylvestris

アルガルベ地方の丘陵地帯でイベリア半島に固有のシャクヤクを探していた最中、ちょっとした空き地の中で、開花状態の悪い本種を見つけた。はじめは天候気候の関係で、発育不全のチューリップかと思ったが、宿に帰って調べると、その姿が健全な姿だとわかった。このチューリップは地中海沿岸地方に広く分布していて、学者によっては、アウストラリス（p.15）を本種の亜種として分類することもある。ヨーロッパに多いチューリップですら、植物学上、論議の多いものがある。

2-1. この個体は開花状態が悪いのか、半開きだった（3月撮影）
2-2. 同じ場所の別個体。この株のほうが花がよく開いている。白く色素が抜けた部分がある（3月撮影）

ギリシア共和国

Hellenic Republic

　ギリシアは山の国だ。バルカン半島の南端に位置し、ギリシア本土とわずかな細い部分でペロポネソス半島が続いている。この主要部分とエーゲ海に散らばるたくさんの島がギリシアを形づくっている。ギリシアは地中海性気候のもと、春と秋にたくさんの花が咲く。夏は乾燥し、野山は草が枯れ、茶色の世界だ。冬の雨が降ったあとの春、花にあふれた野山の美しさは格別だ。チューリップは本土部分にはあまり多くなく、島々に多い。とくにクレタ島は固有のチューリップが多いことで有名だ。ギリシア本土の山脈は一度海にもぐり、クレタ島でふたたび隆起し高い山脈をつくる。暖かい地中海に浮かぶクレタ島にも多くの雪が降り、雪解け水が山麓をうるおす。そして、春になると地中海性気候の代表的な植物が島中に花を咲かせる。その中で固有のチューリップは短期間に一斉に花をつける。

クレタ島西部の高原、羊飼いに追われて移動する羊。いつも道幅いっぱいに広がって移動する

❸ チューリッパ・バケリイ
Tulipa bakeri

その日は天候が思わしくなかった。しかし、一縷（いちる）の望みをかけて雨と強風の中を歩きはじめた。そのうち次第に風も雨も弱くなり、ふと足下を見ると、開きかけたピンク色のチューリップが見えた。さらに歩くと完全に風も雨も止み、暖かな陽光が射してきた。すると、牧草地の一角で満開に咲くピンク色のチューリップの群落に出会えた。嘘のような幸運な1日だった。本種はクレタ島に固有である。

3-1. チューリップは日が射さないと開花しない。
　　この一角は4月の晴れた日には毎年素晴らしい群落で開花する（4月撮影）

HELLENIC REPUBLIC

3-2

3-3

3-2. 花弁がピンクの強い個体（4月撮影）
3-3. 花弁全体が薄いピンクの個体。珍しい多弁の花（4月撮影）
3-4. 群落地の周囲にもたくさん咲いている。
　　　よく見ると少しずつ個体差があるのがわかる（4月撮影）

4 チューリッパ・サクサティリス
Tulipa saxatilis

バケリイ（p.19）とほとんど見分けのつかないチューリップ。分類学上、バケリイはこのチューリップの亜種とされるが、同じ種の染色体数（2倍体と3倍体）の違いのようだ。学者によっては別種としている。花弁の色が濃いとか、花茎がやや高いとか区別点はあるようだが、ほとんどわからない。同じクレタ島でも混生することはない。サクサティリスのほうが開花時期は早いが、これは自生する場所の標高の差のようだ。いずれにしても、春の陽を浴びてピンクの群落で咲くさまは美しい。

4-1

4-2

4-1. バケリイと同種とする学者も多い。サクサティリスは葯の先端が少し茶色（4月撮影）
4-2. ちょっとした小山に、道路から隠れるように大群落で咲いていた（4月撮影）

5 チューリッパ・クレティカ

Tulipa cretica

クレタ島固有で、その名もクレティカ「クレタの」と名づけられた稀種。はじめて見ることができたのは、ある英国人が具体的に咲いている場所を教えてくれたことによる。その英国人は、自分も以前に教えてもらったからだと言った。場所は海岸沿いの石灰岩の断崖で、そこの垂直の壁の割れ目にひっそりと咲いていた。教えてもらわなければとてもわからない場所だった。次に見た場所は偶然で、石灰岩の礫が広がる場所だった。たくさんのクレティカは陽が高くなるほど開花株が多くなっていった。クリーム色の花弁がうっすらとピンク色を帯びて、じつに繊細な美しいチューリップだ。

5-1

5-1. クレタ島の南の海岸からそそり立っている断崖の割れ目に咲く（4月撮影）
5-2. 広い石灰岩の岩礫地帯に群落で咲いていたが、午前中はあまり開かないので気がつかない（4月撮影）

🔴 6 チューリッパ・ドエルフレリ

Tulipa doerfleri

緑の草原にたくさんのドエルフレリが咲く光景は美しいが、クレタ島に自生するほかのチューリップの咲く時期よりも遅い。いかにもチューリップらしい形と真っ赤な花弁をもつクレタ島の固有種である。近縁種のオルファニデア（*Tulipa orphanidea*）と同種だという研究者もいるので、この仲間の分類はじつに難しい。

6-2

6-1. 広い休耕地のような草原にポツポツと咲いていた。最盛期はもっと多いだろう（4月撮影）
6-2. 花は典型的なチューリップ。黒い葯が目立つ（4月撮影）

7-1

🔴 チューリッパ・ウンジュラティフォリア
Tulipa undulatifolia

春の花を探してギリシア本土のデルフィ遺跡周辺からパルナッソス山を見て回り、コリント湾に向かったところ、休耕地のような場所にウンジュラティフォリアが何株か咲いていた。このチューリップは起源がはっきりしない雑種由来のチューリップのようだ。古くから園芸の盛んなヨーロッパでは、例えばバラのように、さまざまに交配が進み、作り出された園芸品種の原種が今でははっきりしないものがある一方、自然交配の結果、耕作地のような条件に恵まれて自然に分布を広げる植物もある。このウンジュラティフォリアもそのようなチューリップらしい。

7-1. デルフィ遺跡からほど近い休耕地に数株咲いていた。
花茎が高くよく目立っていた（4月撮影）

HELLENIC REPUBLIC

🇧🇬 **ブルガリア共和国**

★ ソフィア

Republic of Bulgaria

　ブルガリアへの花旅の手掛かりがないまま、何年も過ぎていたが、ようやく現地の植物の専門家と連絡が取れて、旧共産圏の東欧への花旅を実施することできた。カザフスタンでわかったことだが、旧共産圏の国には、通常"科学アカデミー"という組織があり、その中で植物を科学のテーマとして相当詳しく研究している。そのことから、ブルガリアにもかならず植物の専門家がいるだろうと探していた。ただ困ったことに、旧ソ連圏はどこも同じように、植物の必要文献はすべてロシア語なので私たちには読めない。学名だけはラテン語なので、かろうじて植物名はわかるという状態だが、花旅をするには案内してくれる植物の専門家が必要だ。ようやく見つけた植物のプロフェッショナルの案内のおかげで、ブルガリアの植物の世界を垣間見ることができた。

首都ソフィアの象徴的なアレクサンドル・ネフスキー大聖堂

8 チューリッパ・シルヴェストリス

Tulipa sylvestris

ヨーロッパ一帯に広く分布するチューリップで、ポルトガルからロシア南部まで分布が広がっているので、チューリップの中でいちばん分布が広いのではないか。今も世界各地で、本来の分布以上に自生地を増やしており、ヨーロッパでもっとも普通のチューリップであろう。香りがあることも本種の特徴と言える。昆虫を引きつける高い香りをふりまくのだが、種子から栽培させるのは難しいという。春の象徴的な美しいチューリップだ。

8-1. 石灰岩地帯に多くのムスカリとともに咲いていた。広い分布を誇る種類だ（4月撮影）

9 チューリッパ・ウルモフィイ

Tulipa urumoffii

さわやかなレモンイエローのブルガリア固有のチューリップで、美しい端正な姿をしている。ボタニカルガイドの早口でなまりのある英語に少し閉口しながらも、多くのブルガリアの花を見ることができた。最初はあまり地形的にも変化の多くない国なので、あまり期待していなかったのだが。

9-1

9-1. 朝早いので花はあまり開いてはいなかったが、
明るいレモンイエローが目立つ（4月撮影）
9-2. 時間が経って開いてきた花。
花弁に少し緑色が残る美しい花（4月撮影）

トルコ共和国

Republic of Turkey

　トルコがチューリップの故郷と言われるのはそれなりに理由のあることで、トルコには土産物や花瓶、皿、織物など、チューリップがデザインされたものが多い。オスマントルコの時代から、チューリップはデザインの主要なモチーフとなっており、トルコはチューリップの国ということがよく理解できる。しかし、じつはトルコは本当のチューリップの故郷とは言えない。なぜなら、トルコに自生する野生のチューリップは17種しかないからだ。これまでにトルコへは何度も行っているが、チューリップをあまり見ていない。これは時期が早いからで、チューリップの本格的に咲く時期はもう少し後になる。また、トルコは日本の2倍強の面積がある広い国で、何回かの花旅で主な花をすべて見ることはとても不可能なことだ。しかし、トルコでいちばん貴重なチューリップを見ることができたのは幸運だった。

1. ミナレット（尖塔）のある田舎町、タシュケント
2. トルコ南部のアンタルヤの北、アクセキの町

10-1

⑩ チューリッパ・シンテニシイ
Tulipa sintenisii

アレップエンシス（*Tulipa aleppensis*）と同種とされているようだが、原生地がわかっていないので、分類学的になにか歯切れの悪い扱いになっている。文献には耕作地の雑草のようだと書かれていて、私が見たのも同じ耕作地のような場所で、そこに大群落で咲いていた。見た目にも雑草のようで、いわゆるワイルドフラワーといった趣はないが、過去多くの場所でチューリップを見てきたので、チューリップはいろいろな場所でタフに生きるワイルドフラワーなのだと言える。

10-1. トルコ東部のヴァン湖近くの広い草原に咲いていた（4月撮影）
10-2. 曇天のもと、たくさんの真っ赤なチューリップがあると周囲は明るくなる（4月撮影）

10-2

10-3. やや湿った草原に、信じられないような大群落で咲いていた。
ほかの野生チューリップと生える環境が大きく違っていて驚いた（4月撮影）

11 チューリッパ・キンナバリナ

Tulipa cinnabarina

2人の研究者により、ほぼ同時に新種記載されたことで話題となったチューリップ。もう一方の種名はカラマニカ（*Tulipa karamanica*）。わずかな日にちの差で論文が発表された同じチューリップだが、先に発表されたキンナバリナが先取特権で正式な種名となった。2006年3月29日、トルコの皆既日食を見た翌日、霜のため上の崖から落ちた林道の土に紅色の花弁がついているのを見つけた。明らかに花の花弁だったので、崖の上に登ると、そこに紅色のキンナバリナが咲いていた。まったく嘘のような出来事だった。

11-1. 陽を十分浴びてよく開いた花（3月撮影）
11-2. 開き始めの花で、周囲にはまだ開いていない花が見える。この日は寒い朝だった（3月撮影）

キプロス共和国

Republic of Cyprus

　キプロス島は地中海の東に浮かぶ島で、ギリシア、ローマ時代は地中海において、文化文明の盛んだった主要な島だった。地中海の中ではシチリア島、サルデーニャ島に次いで3番目の大きさだが、四国の半分ほどの面積しかない。島の中央には有名なレバノン杉に近縁のキプロス杉が自生するトロードス山脈があり、この島独特の固有種が多数自生することでも有名である。3種の自生するチューリップのうち、2種はこの島の固有種で、この島の特殊性を象徴している。ほかにも固有のシクラメンやクロッカスやランなど固有種が多く、独特の植生を示しているのがこの島である。とくにチューリップ2種が固有種であることは、キプロス島より大きなシチリア島、サルデーニャ島では考えられない。また、地中海の中で、このような例はギリシアのクレタ島しかない。

キプロス島西部の遺跡。まだ発掘中のようだった

⑫ チューリッパ・アゲネンシス

Tulipa agenensis

キプロス島に自生する3種類のチューリップのうち、アゲネンシスだけは地中海沿岸地方にも広く分布する。訪れたときは本種の最盛期に遅かったが、何株かは咲き残っていた。イスラエルの学者に教えてもらった「花弁はすべて先端がとがっていて同じ長さ」は、よく特徴を表していた。一目でほかの2種と違うことがわかる。

12-1. アカマス半島の北側の海岸に近い「アフロディーテの浴場」の近くに咲き残っていた（3月）

⓭ チューリッパ・シプリア

Tulipa cypria

はじめてキプロス島を訪れたとき、3種類のチューリップを見ることができたので、各種の違いを理解できた。このチューリップは写真では花弁の特徴があまり表れていないが、英名でBlack Tulipと言われ、明らかに黒っぽい花弁で驚く。なぜ花弁の黒色があまりフィルムに表現されないのかよくわからないが、明らかに黒っぽいチューリップだ。花全体が少し樽型をしていて、横幅があることも特徴のひとつである。キプロス島の西部で見たが、固有のチューリップなので、いつまでも盗掘されないことを望む。

13-1

13-2

13-1. 一目で通常の赤色のチューリップとは違う赤黒い花弁だった（3月撮影）
13-2. 草原にまばらに咲いていたが、自生地は島の西部に限られる貴重種（3月撮影）

⑭ チューリッパ・アカマシカ
Tulipa akamasica

名前はキプロス島のアカマス半島に由来する。2002年の3月にキプロス島で見たときに、ボタニカルガイドから「どうも新種らしく、研究中だ」と伝えられた。しかし、2014年にようやく新種として記載された。じつに12年も待ったことになる。ただ驚くのは、これだけ長い歴史があるチューリップでも、いまだに新種が発見されることである。それもヨーロッパの一角で。同じような新種発見は、最近トルコとカザフスタンでもあった。これらの新種は分類が変わって、今まであったものが別の名前になったというものではなく、まったく新しく発見されたものである。

14-1. キプロス島に自生する他の2種と明らかに違う（3月撮影）
14-2. 葯が黒く、花弁の基部は薄い黒のブロッチ（斑）が見える（3月撮影）

イスラエル国

State of Israel

　複雑な政治環境はさておき、地理的には南半分のネゲブ砂漠は乾燥に適応した特殊な植物が自生し、北半分は地中海性気候に支配され、冬の雨と夏の乾燥に適応した球根植物などの典型的な地中海性気候を象徴する独特の植物に特徴づけられる。球根植物の中でも、アイリス、シクラメン、アネモネ、チューリップが短い春を彩る。イスラエルは、狭く乾燥した土地に大小さまざまな自然保護区が多くあり、人々は植物を大事にする気風が育っているようだ。また、北部のレバノン国境に位置するヘルモン山は雪も多く降り、この雪解け水が重要な水源となっている。地中海性植物を見るために、能率の良いコンパクトな花旅をするなら、イスラエルがベストであろう。思いのほか簡単に野生のチューリップが見つかることは保証できる。

標高0mあたりから見た死海。死海の向こうにヨルダンの山が見える

15 チューリッパ・アゲネンシス

Tulipa agenensis

イスラエルでは春に咲くチューリップとして普通に見られる。とくにテルアビブの北部に位置する地中海の海岸沿いの自然保護区に群落で咲く光景はじつに見事である。イスラエルの学者はシャロネンシス（*Tulipa sharonensis*）も国内に分布するというが、2種の明確な違いはわからない。最近では、シャロネンシスは本種の1タイプであって、亜種にもならないとされているようだ。

15-1

15-1. 地中海に面した海岸の石灰岩地帯は春になると、シクラメンとチューリップが咲く（3月撮影）

15-2. 何度も訪れたが、この年のチューリップは見事だった。花の多寡は年により大きく変化する（3月撮影）

16 チューリッパ・シストラ

Tulipa systra

イスラエルの南半分から紅海まで伸びるネゲブ砂漠北部に分布する。アゲネンシス（p.47）に似るが、葉の外縁が波打つ点が最大の特徴。花弁の内側3枚が外側3枚に比べ短く、先端も鈍角であることから見分けられるが、個体によってはかなり難しいものがある。イスラエルにおいては、アゲネンシスとシストラはまだ分化の過程にあるのではないかと思える。この両種に加え、シャロネンシス（*Tulipa sharonensis*）が分類をさらに複雑にしている。

16-1

16-1. 花弁基部の黒いブロッチの外側の黄色の帯は小さい（3月撮影）
16-2. イスラエルでは2月末から3月にかけて、チューリップは普通のワイルドフラワーだ（3月撮影）

⑰ チューリッパ・ポリクローマ

Tulipa polychroma

イスラエルの南半分から広がるネゲブ砂漠の北部に咲くチューリップで、砂漠地帯の乾燥した場所を好む。2月には花を咲かせるが、本格的に暑くならないころに咲くことが必要なのかもしれない。本種は学者によっては、ビフローラ(p.82)に分類することもある。ビフローラはチューリップの中でも早く咲く種類なので、やはり両種の間には関連があるようだ。はじめて本種を見たときは驚いた。2月下旬、乾燥したネゲブ砂漠の一角に、クリーム色の花弁に中央が黄色の本種がじつに繊細に見えた。

17-1.

17-1. 砂漠のなにもないだろうと思われる場所に咲く（3月撮影）
17-2. 砂漠にも雨が降る。その貴重な雨に開花状態が左右される。思うように見ることができない花だ（3月撮影）

🇦🇲 アルメニア共和国

Republic of Armenia

　はじめてアルメニアに行ったときは情報が少なく、ずいぶん困惑した。例えば、入国する前に空港でビザを取得すると聞いていたが、その受付場所がわからず、なにもないまま入国し、帰国直前に空港でビザの取得と同時に帰国手続きをした。ボタニカルガイドから、アルメニアはアイリスが多いと聞いていたが、その後何回か現地に行くとアイリスのほかに、たくさんのチューリップにも出会えた。チューリップ以外にもたくさんの球根植物を見ることができた。国も比較的小さく、優秀なボタニカルガイドがいて、国民は親切なので、今では安心して花を見ることができる、じつに良い国という印象だ。国の北部はコーカサス山脈の外縁で、南はかなり強い乾燥地帯。南から北に半砂漠・草原・森林・亜高山帯と多様な植生の国で、多くの花を見ることのできる国だ。

1. アララト山はアルメニアの首都、エレバンからよく見える。かつてはアルメニア領という
2. 首都エレバンにあるアルメニア教会の聖母子像

🔴18 チューリッパ・ユリア

Tulipa julia

イスラエルとアルメニアの植物学者の連携によって、はじめてアルメニアの土を踏んだ。翌日、世界で最初にキリスト教を国教にしたゆかりのゲガルト修道院近くの渓谷でこのチューリップを見た。この年は少し寒かったこともあり、完全に花が開いていなかったが真っ赤な細身の花弁が印象的だった。本種はアルメニアでも比較的北部に分布するチューリップで、アルメナ（*Tulipa armena*）に似ている。

18-1. やや小ぶりのチューリップで、花弁はあまり開かないようだ（5月撮影）

19 チューリッパ・ソスノフスキイ
Tulipa sosnovskyi

首都エレバンから南下していくつかの峠を越え、下り坂になってふと見上げると、小石交じりの急なガレ場に点々と赤いチューリップが咲いているのが見えた。ちょっと登るのが大変な高さと傾斜なので、ずいぶん迷った末、思い切って登り始めた。ようやく近づいても、足元がすぐ崩れてなかなか思うような方向の写真を撮れない。下を見ると後悔したくなるような場所だった。本種の花茎は高さ30〜40cmもある。メグリが主産地で、黄色のタイプも見ることができた。

19-1

19-2

19-1. 赤い花弁のタイプは、黒のブロッチ（斑）が目立つ（5月撮影）
19-2. 薄い黒のブロッチが薄墨を流したようで美しい（5月撮影）
19-3. 道路から高いガレ場があって、大きな本種がよく見えた。
　　　黄色のタイプは混ざっていない（5月撮影）

⑳ チューリッパ・フロレンスキイ
Tulipa florenskyii

イランとの国境の町、メグリに近い山間の乾燥した斜面にわずか1本、かろうじて残っていた。本種はシストラ（p.50、65）と同種だという学者もいるようだ。見つけた個体は少し小型で、葉が波打っているのが特徴だ。葉が波打つかどうかが、チューリップの場合、分類上の手掛かりとなるようだが、同じ種類でも、個体によってほとんど波打たない場合もあって、決め手にはならない。たくさんの個体を見ている現地の分類学者に従うことがベターだ。

20-1

20-1. 南のイラン国境の乾燥した痩せた尾根にかろうじて咲き残っていた。ほかに数株開花し終わったものもあった（5月撮影）

21 チューリッパ・コンフーサ

Tulipa confusa

本種についてアルメニアの植物学者に問い合わせた。それは本によって、コンフーサはフロレンスキイ (p.58) に含まれていたり、またほかの本ではアルメナ (*Tulipa armena*) に含まれていたりしたからだ。私の実物を見た印象では、花の色も、葉の形も両種とはずいぶん異なる。とくに花弁の色はピンクがかった赤色で、じつに魅力あるチューリップだ。問い合わせの結果は、コンフーサはアルメニアの独立種だという答えでほっとした。

20-1

20-1. 南部の草原の尾根近くに、わずかに咲いていた（5月撮影）
20-2. 岩陰に咲く本種は半日陰の好きな種類かもしれない。
また水分の供給もほかの場所より多いと思われる（5月撮影）

Column

ボタニカルガイド

Botanical Guide

― 現地の花を案内する人

　海外へ美しい花、貴重な花を求めて行っても、簡単には見つかりません。どこの国でも花は美しければ美しいほど、人に取られ数は減ってしまいます。したがって、自生地は秘密にされます。日本でも貴重な植物は保護され、自生地の情報は簡単には得られません。そこで貴重な花を案内してくれるガイドが必須です。このようなガイドをボタニカルガイドといっていますが、旅行のガイドとは違います。ボタニカルガイドという職業はないのです。私が長年企画してきた世界の花のツアーでは、その国の一流の植物学者に連絡を取り、旅行に同行を依頼して、具体的な植物の自生地への案内と、観察した植物名を学名で教えてもらいます。これが私たちの求めるボタニカルガイドです。とくに重要なのは開花時期の決定です。私たちが求めるのは美しい花を見ることが目的ですから、最適な開花時期を見極めることが重要です。この開花時期は場所によっても少しずつ違います。大事な情報は、いつ、どこに、なにが咲いているかということです。これを知っているのはその国の植物学者なのです。したがって、当然旅程の作成にも携わってもらいます。

― ガイドとの信頼関係

　私たちはボタニカルガイドを決めるとき、ただ植物に詳しいだけでは決めません。学術上の履歴書を求めることもありますが、当然人柄も大きな要素です。一度決めたら長い付き合いになるからです。一方、依頼する私たちの知識レベルも試され、信用されなければガイドを引き受けてもらえません。貴重な植物の自生地は、うかつに人に教えられないからです。彼らは収入を得ることが目的ではありませんから、私たちが同じ植物好きとしての資格があるか、彼らに審査されているのです。お互いに求める条件は多いのです。このように長い時間をかけて築き上げた信頼関係から、世界各地でボタニカルガイドをお願いしてきています。

1. イランのボタニカルガイド、ノルージ君。
   はじめて会ったときはイラン大学の大学院の学生だった
2. イスラエルのボタニカルガイド、ハガーさん。
   丁寧な説明とわかりやすさは長年の経験があらわれる
3. カザフスタンのボタニカルガイド、アンナさん（写真右）。
   カザフスタンでは知らない植物はないという圧倒的な学識を誇る

🇮🇷　**イラン・イスラム共和国**

Islamic Republic of Iran

　乾燥した砂漠の国という一般のイメージは間違いではない。しかし、正しくもない。東半分は砂漠といわゆる土漠で、緑のない厳しい乾燥の連続の土地だが、北にカスピ海があって、ここから吹いてくる湿った風はカスピ海沿岸のエルブルース山脈に当たり、たくさんの雪を降らせる。また、西に幾重にも重なるザグロス山脈に大量の雪を降らせ、山脈は真っ白な大山脈の姿を現す。この雪は当然春になると解けて、山麓に水をもたらす。この水が山麓の植物を育てるのである。イランはじつに花の多い国である。ただ基本的には雨の少ない乾燥地帯なので、森林はごくわずか。したがって、乾燥に強い植物や球根植物が豊かだ。固有種もとくに多く、花好きにとって、憧れの土地でもある。ただイランという国のイメージが国際政治の波にもまれ、「豊かな花の国」が浸透していないのは残念だ。

1. ダマバンド山の麓で咲くモンタナ（*Tulipa montana*）
2. 有名な観光名所のイスファハンのモスクの天井に、チューリップのようなタイルが描かれている

22 チューリッパ・シストラ

Tulipa systla

大きく真っ赤な花弁のチューリップで、イラン中西部に多い。現地ではスタップフィイ（*Tulipa stapfii*）とも言っているが、現在はシストラとして扱われる。長い根を深く地中に伸ばす。場所によりかなり矮性で、ほとんど花茎がないほど丈は短い。イランでは風の強い乾燥した岩礫地で見ることが多く、ほとんどの個体は花茎が短いので印象的だ。時期さえ合えば、かなり多く見かける種だ。

22-1.

22-1. イランの中西部では多分いちばんたくさん見ることができる種類（4月撮影）

23-1. テヘランの北にそびえるトーチャル山にはスキー場さえある。
残雪のかたわらにピンクと紫の本種が美しい（5月撮影）
23-2. 本種は同じ場所での個体変異が多い。中央の黄色のブロッチが大きい個体だ（5月撮影）

㉓ チューリッパ・フミリス

Tulipa humilis

本種はイラン北部で最初に発見され記載されたが、花弁の色彩はじつに変化が多い。初夏にテヘランの北、トーチャル山（3,964 m）に登ると、残雪のかたわらに本種が多く、とくにツートンカラーの花弁も多様でじつに美しい。同じ場所でさまざまなパターンがある。ほかの分布地でも、極端に色合いが違う。そのため別種としてたくさんの種が記載され、たくさんのシノニム（別名）が生まれた。

24 チューリッパ・シュレンキイ

Tulipa schrenkii

イラン北西部の比較的標高の高い1,500 mの草原で、すでに花期が遅れていたが、咲き残った株を見ることができた。この場所のタイプは黒いブロッチに黄色の縁取りのあるもので、一般のタイプとは違っている。好天が続き、花がほとんど平開している株もあって、個体変異が多かった。周囲には、ユリ科でクロユリの近縁種の大きなフリティラリア・クラッシフォリアもあって、思いがけない花が多く見られた。この地域にはバラの原種もあって、植生が豊かだ。

24-2

24-1

24-1. ほぼ完全に平開したシュレンキイ。
黒のブロッチの周りの黄色が美しい（5月撮影）
24-2. 開花期は少し過ぎているが、草原の一角に群落があった。
この場所は雪だまりだったのかもしれない（5月撮影）

25 チューリッパ・モンタナ

Tulipa montana

私が知る限り、イラン北部でいちばん個体数の多いチューリップであろう。はじめて見たのは、イランの最高峰ダマバンド山 (5,671 m) の山麓だ。真っ白な雪に覆われた、富士山と言ってもほとんどの人が信用する山容の麓に、真っ赤なチューリップが咲いていたのは、いつまでも忘れられない光景だ。その後、イラン国内へかなり広範に花を求めて旅したが、北部では圧倒的に本種が多い。赤の花弁以外に黄色の花弁の個体も赤と同等に見かける。この黄色の個体にはクリサンタ (*Tulipa montana* var. *chrysantha*) と言う変種名がついている。「黄金色」という意の優雅な名だ。モンタナはあまり個体変異がなく、赤か黄色またはその中間色がある程度。

25-1. テヘランの北東に続く山脈の一部は黄色のタイプが多かった (4月撮影)
25-2. テヘランから北は、とくにモンタナが多い。
赤い花弁と黄色の花弁の割合はほぼ同数 (4月撮影)

25-3. この乾燥地は赤い花弁のモンタナだけだった。場所によりこれぐらいの群落は珍しくない（4月撮影）

26 チューリッパ・ビエベルシュタイニアナ
Tulipa biebersteiniana

最初に見たのはイランの首都テヘランの北東で、草原の中にいくつかの黄色の花が咲いていた。あまりチューリップらしくない、ひょろりとした花茎の高い花だったが、よく見るとチューリップだった。かなり香りがあって、チューリップに香りがあることをそのときはじめて知った。本種は独立種なのか、それともアウストラリス（p.15）に含まれるのか学者によって、まだ議論があるようだ。まだ残雪の多い雪山をバックに、草原にちょっとした群落で咲くさまは美しい。

26-1. 広い草原で風に吹かれて咲く（5月撮影）
26-2. 乾性の草原に群落で咲く。香りが強い（5月撮影）

27 チューリッパ・ミケリアナ

Tulipa micheliana

イラン北東部のゴレスタン国立公園はイランでは珍しく自然が見事に保たれている。なぜかというと、かつてこの地域は民族紛争が続き、容易に人が入り込めない危険な地域だったからだ。そのため手つかずの植生が残っていて、本当に驚いた。当然かなり乾燥していて球根植物が多い。とくにチューリップの大群落に目を見張った。ミケリアナはカザフスタンのグレイギイ（p.106）と同様に葉の上にチョコレート色の筋が縦に入っているので、すぐに見分けることができる。真っ赤なチューリップの群落には言葉がなかった。

27-1. 半開きの株。左右の幅広い葉に特徴的なチョコレート色の筋が入る（4月撮影）
27-2. この群落ははるか先まで続いていた。じつに壮観な眺めだった（4月撮影）

27-3. そろそろ陽が傾きかけてきたころだったが、いつまでもそこにいたかった（4月撮影）

28 チューリッパ・フーギアナ

Tulipa hoogiana

イラン北東部の貴重な生態系が残っているゴレスタン国立公園に行ったとき、山麓でフーギアナを見た。花茎が高く、細い葉がたくさん出ていて、一目で普通のチューリップと異なっているのがわかった。イラン北東部のゴレスタン国立公園とその東のトルクメニスタンにだけ自生する貴重なチューリップ。はじめて見たときに、後からもっと出てくるだろうと、あまり真剣に撮影しなかったことが悔やまれる。

28-1

28-1. 葉の数がとくに多かったが、一見普通のチューリップに見える（4月撮影）
28-2. ゴレスタン国立公園は条件が厳しく、その後、再訪できていない（4月撮影）

29 チューリッパ・ビフローラ

Tulipa biflora

イランで見たビフローラは、花茎が高いが、何か頼りない細身の花という印象だ。これまでに何度も行っているが、イランではあまり多くない種のようだ。本種は地域によりさまざまな変異がある。そのため研究者によりビフローラはいくつかのシノニム（別名）があるが、近年そのシノニムが独立種とされるようになってきた。イスラエルのポリクローマ（p.52）、カザフスタンのブーセアナ（p.90）、ビヌータンス（p.92）などである。チューリップの愛好者として、世界各地に分布しているビフローラの近縁の種が、その土地々々で少しずつ変化して、違った美しさを表しているのなら、これは納得できることのように思う。チューリップはまだ進化の過程にあるようだ。

29-1. 本種はイラン中西部で数回見ることができたが、あまり個体数は多くないようだ（4月撮影）
29-2. 岩の陰に咲いていた。細い花茎で、風には弱いのか（4月撮影）

㉚ チューリッパ・ウロフィラ

Tulipa ulophilla

イラン固有の特異なチューリップ。比較的発見されたのが新しく、イランでも北部にしか自生しない。イランの北東部、ゴレスタン国立公園への花旅の帰り道、眠気を必死にこらえて、車窓から花を探していたとき、小石交じりの尾根筋に赤黒い花が見えたので車を止め近づいた。それは思ってもいなかったチューリップだった。極端に短い花茎がいっそうウロフィラを特別に見せる。花弁の色は暗い赤色で、普通のチューリップとは一線を画す雰囲気だ。稀種と言える。

30-1.

30-1. 走るバスから偶然目に入って車を止めたが、かなり特異なチューリップだ（4月撮影）
30-2. 乾いた岩礫地に咲いていたが、ほとんど花茎がないように見える。風の強い尾根に咲いていた（4月撮影）

カザフスタン共和国

Republic of Kazakhstan

　1991年にソ連が崩壊した。翌年の1992年6月、半年前にはソ連圏に属していたカザフスタンに調査に行った。モスクワ経由だったが、モスクワの町はまるで商品がない。カザフスタンの首都アルマティ（現首都はアスタナ）は、さらになにもないのに驚いた。そのような状況で、科学アカデミーの植物研究室のトップに会って花旅の可能性を打ち合わせた。その話の中で、チューリップが話題になったが、驚いたことにカザフスタンにはチューリップが35種余り自生するという。チューリップは国内では普通の花で、この花が世界中から花好きを呼び寄せることができるとは、現地の人はまったく考えていなかった節がある。このような話はその後何度も経験した。その国では普通の花なので、世界的に見て貴重な花だと気がつかないのだ。カザフスタンこそチューリップの故郷との感を強くした。

1. アクス・ジャバグリ自然保護区の谷間。いきなり大地が裂けているような谷間だ
2. カザフスタンの乾燥地に残された世界遺産の岩絵
3. アクス・ジャバグリ自然保護区のロシア語と英語の表示

31-1.

31-1. ジャバグリ村から登った谷間の一角にあったカウフマニアナ、ほとんど花茎のない個体（4月撮影）

31 チューリッパ・カウフマニアナ

Tulipa kaufmanniana

はじめてカザフスタンに行ったとき、アルマティ近郊の山の麓に連れて行ってもらった。そのとき見たのが、このチューリップの種子だった。ここからカザフスタンのチューリップツアーが目の前に開けてきた。カウフマニアナはカザフスタンでは、普通に見かける大型のチューリップで、水辺や水分の多い場所を好み、真夏の天山山脈の雪渓のかたわらにも咲き残っている。カウフマニアナ系と呼ばれる園芸品種群の母種として有名。

31-2

31-2. 残雪の多い4月の天山山脈の支脈に登ると、湿性の草原に群れ咲く（4月撮影）
31-3. 真夏の天山山脈の前衛に登った。雪渓がまだ残る谷に花をつける（7月撮影）

32-1. 小型のチューリップで、一茎に多くの花をつける。群落をつくることも多く、美しい（4月撮影）
32-2. この株はちょうど4つの花が同時に咲き、とくに素晴らしかった（4月撮影）

32 チューリッパ・ブーセアナ

Tulipa buhseana

カザフスタンではかなり普通に見ることができるチューリップで、分布も広い。一茎にたくさんの花を同時につけ、また群落で咲く。中型の花なのであまり目立たないが、よく見ると美しいクリーム色に黄色の花弁で好感をもてるチューリップ。ビフローラ（p.82）のシノニム（別名）とされることもあるが、まったく異なる印象なので、別種の扱いでよいと思う。中国の新疆にもあるので、天山山脈の北と南に分布するようだ。

REPUBLIC OF KAZAKHSTAN

33-1

33 チューリッパ・ビヌータンス

Tulipa binutans

ビフローラ（p.82）のシノニム（別名）とされることもあるようだ。比較的春早く咲くのであまり見る機会も多くない。ずいぶんたくさんの回数カザフスタンへ行ったが、過去一度しか観察できなかった。かなり自生地の条件も限られるのではないか。自生地のカザフスタンでは、同じくビフローラのシノニムとされているブーセアナ（p.90）も産するが、明らかに自生地は異なり混生しない。開花時期も大きく異なる。

33-1. ブーセアナに似るが春早く咲く。やや湿性の草原や谷間に咲く（4月撮影）

34 チューリッパ・コルパコフスキアナ
Tulipa kolpakowskiana

カザフスタンのかつての首都アルマティの南に多産し、アルマティが原産地である。アルマティから南の天山山脈の麓は本種とオストロフスキアナ（p.96）が多く混生する。ただ両種の違いは少なく、本種のほうが葉が長く、葯の色は黄色ではあるが、実際のところ識別に苦しむ個体も多い。同じ場所で、同じ時期に開花するので、雑種ができることもある。

34-1. 明るい斜面を覆って咲く。少数赤い花弁の個体も含まれる（4月撮影）
34-2. 花びらの一部を縦に割って色を変えたようだが、これも個体変異か（4月撮影）

35 チューリッパ・オストロフスキアナ
Tulipa ostrowskiana

コルパコフスキアナ（p.94）と同じアルマティを原産地とする。同じような環境に自生するので、アルマティの郊外に行くと2種同時に見ることができる。本種の花弁は赤いが、黄色のタイプもある。一方、前種のコルパコフスキアナは黄色の花弁のチューリップだが、赤い花弁がでることもあり厄介なチューリップである。2種ともに交雑種が同時に開花するからだ。

35-1. 同じ場所のほとんど同じ時期に咲く本種とコルパコフスキアナだが、葯の形が少し違う（4月撮影）
35-2. 写真のような赤い花弁が一般的だが、黄色の花弁も出現する（4月撮影）

36 チューリッパ・ゼナイダエ

Tulipa zenaidae

本種はあまり多くない種類で、同じ場所で2度しか見たことがない。自生地として有名なのはカザフスタン中南部のメルケだ。貴重な黄色のアヤメ（*Iris orchioides*）を見ながら山道をたどり、やがて沢沿いの道を詰めると、草原が広がっていた。その草原の中によく開いた黄色と赤色のチューリップが咲いていたが、この2色のチューリップが同じ種とは、ちょっと信じられなかった。カザフスタンの中でも、ごく限られた場所に自生する貴重種だ。

36-1.

36-1. カザフスタンでは少ない種。普通は平開することが多い（4月撮影）
36-2. 同じ場所で、きれいに違う色の花弁が咲くが葯の形は同じ（4月撮影）

❸ チューリッパ・ヘテロフィラ

Tulipa heterophylla

高山性のチューリップ。撮影地は標高2,800 mの周囲は雪がたくさん残る7月中旬の草原で、最初見たときはチューリップと思わなかった。このような時期にしかもこれほど小さなチューリップがあるとは知らなかったからだ。なにしろ花の直径は3 cm前後、花茎は10〜15 cmしかない。一見、周囲にある同じ黄色のガゲア（ユリ科の小型種）かとも思ったが、よく見ると違う。この花が高山性のチューリップと知ったのはしばらくしてからだった。

37-1. 標高2,800mほどの亜高山帯にある草原に咲く（7月撮影）
37-2. 同じ場所には、ユリ科のキバナノアマナの近縁種が多いので注意が必要だ（7月撮影）

38-1

38 チューリッパ・ダシィステモン

Tulipa dasystemon

小型のチューリップで、旧首都のアルマティの南にある標高2,500 mほどの高地で2度観察した。最初は7月半ばで、2回目は雪の多い年の4月下旬だった。花期は遅い春から初夏までと長いようだ。当然、夏に花をつける場所は標高が高い。小型で、花期もほかのチューリップと離れていることが多いので、案外見逃されていることがあるのではないか。カザフスタンではチューリップの自生地の環境はさまざまで、さらに花の形態も多様で変化が多い。

38-2

38-1. 本種も亜高山性のチューリップだが、形態は普通のチューリップのようだ（4月撮影）
38-2. つぼみの状態。見えている花弁の裏側が茶色であることが本種の特徴（4月撮影）
38-3. 小型の黄色のチューリップだが、大きさははるかに小さい（4月撮影）

38-3

39 チューリッパ・テトラフィラ
Tulipa tetraphylla

カザフスタンの東部へ長い時間バスを走らせて観察した個体は、あまり花径が伸びず、谷あいの岩礫地にわずか1株だけ咲いていた。専門書にはオストロフスキアナ（p.96）に近似とされているが、観察した個体によるのか、または自生地の環境によるのかは不明だが、まったく受ける印象は違っていた。ようやく探し当てた種類なので、似ていなくて幸いだった。カザフスタンにはまだ見ていないチューリップがあるのだという思いになった。

39-1. テトラフィラの接写。葯や子房の形が特徴的だ（4月撮影）
39-2. 狭い谷間でようやく見つけた。葉が極端に波打つのが見て取れる（4月撮影）

39-1

 **チューリッパ・グレイギイ**

Tulipa greigii

カザフスタンを代表する大型の真紅のチューリップ。広い葉にチョコレート色の特徴的なパターンが出る。本種はクレイギイ系と呼ばれる園芸品種群の母種として有名だが、園芸に利用される理由は、その多様性にある。同じ場所に、さまざまに変化した色彩や模様の花弁をつけることがあり、本種ほど1カ所で多様な色彩や模様の株を見ることはない。有名な自生地は、アクス・ジャバグリ自然保護区近郊のレッドヒルだ。草原の一角に数百万のグレイギイが大群落で咲く。遠くから赤黒く見えるほどで、世界一のチューリップの大群落であろう。

40-1. 本種は小石交じりの礫地に多いが、
草原にも咲くタフな種類だ。
同じ場所でも色彩に変化が多い（4月撮影）
40-2. 典型的なグレイギイ。
花弁はやや扁平で、葉にチョコレート色の筋が出る（4月撮影）

REPUBLIC OF KAZAKHSTAN

40-3. 見渡す限りの大群落。おそらく世界一の群落ではないか。背景には雪の天山山脈がかすむ（4月撮影）

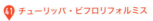
41 チューリッパ・ビフロリフォルミス
Tulipa bifloriformis

3月から開花する早咲きのチューリップ。これまでに一度しか見ていない。富山県のチューリップテレビという地方テレビ局の特集で、カザフスタンのグレイギイ（p.106）の大群落を中心にチューリップ番組を作った。大群落の開花期に合わせ、4月のはじめからカザフスタンに行ったので、早咲きのビフロリフォルミスも見ることができた。カザフスタンは野生のチューリップの種類が多く、春早くから夏の盛りまで標高の高さに合わせ各地でチューリップが咲く。

41-1. 広いカザフスタンの天山山脈は雪解けの時期も異なり、チューリップの発生する時期も異なる（4月撮影）

42 チューリッパ・トゥルケスタニカ

Tulipa turkestanica

カザフスタンで強く印象に残るチューリップのひとつが本種だ。トルキスタン（Turkistan）という中央アジアの歴史的な名称から名づけられた上品なチューリップで、アクス・ジャバグリ自然保護区ではとくに多く、保護されている。白色の花弁の中心にある黄色のブロッチが目立つ花弁をもつが、葯の先端がわずかに黒色を呈するのが特徴でないかと思っている。カザフスタンでは西部の狭い範囲が分布域だが、中央アジアの各地に分布するようだ。カザフスタンではとくに美しいチューリップだ。

42-2

42-1

42-1. アクス・ジャバグリ自然保護区に多い。
　　　白い花弁と黄色のブロッチ（斑）の割合が個体によって変化する（4月撮影）
42-2. 黄色のブロッチ（斑）が大きなタイプ。
　　　本種の花茎はやや長いが、条件によって花茎の短い個体も見つかる（4月撮影）

43-1. 本種はつぼみの状態も美しい。
3枚の外側の花弁が赤く、花茎が短い特徴的な花だ（4月撮影）
43-2. 陽の光をいっぱいに浴びてきれいに花開くと、花弁の下部に少し紅をはく（4月撮影）

43-1

🔴43 チューリッパ・アルベルティ

Tulipa alberti

カザフスタンの固有種で、天山山脈北麓にいくつか自生地が散らばっているが、分布はかなり限定的だ。赤から黄色の花弁と、ときに2色が混ざるタイプがある。比較的早く咲くチューリップで、開花の盛りの時期に自生地に行くと、短い花茎に大きなやや扁平な樽型の花を開き、花弁の内側に特徴的な斑紋をつけているのが観察できる。葉の両端が大きく湾曲した広い葉も特徴だ。好天のときは花が大きく開くので、じつに美しい光景になる。

43-2

44 チューリッパ・ベーミアナ
Tulipa behmiana

アルマティの北の半砂漠地に行った。ところどころに砂丘もあって、極端に乾燥した場所にも関わらずレモンイエローの大きなチューリップがたくさん咲いていたのには驚いた。葯は黄色と黒の2タイプがあって混生する。特徴的なのは、広い葉の周辺部が大きく波打っている。乾燥した半砂漠地帯での大きく美しいチューリップは、とりわけ印象深かった。

44-1. 黒い葯のベーミアナ。ほぼ完全な土漠状態の場所に咲く（4月撮影）
44-2. アルマティの北に本種の多産地がある。
　　　いわゆる土漠がこの花の故郷（4月撮影）

45 チューリッパ・レゲリイ
Tulipa regelii

はじめて見たのは葉だけだった。大きな葉が深いひだで覆われていて、これがチューリップとは考えられなかった。以来カザフスタンに行けばこの国の第一級の植物学者、アンナ・イヴァシェンコ博士に「レゲリイを見せろ！」とせがんだものだ。残念なことに、レゲリイはほかの種に先駆けて咲くのでタイミングが合わない。ようやく憧れの花に会えたのは、カザフスタンに通って15年目のことだった。アルマティから西に何時間も車を走らせ、どこまでも続く草原を進み、やがて岩だらけの小山の麓に咲いていた。カザフスタンでもとくに貴重なチューリップだ。

45-1. この花を見るまで、ずいぶん長い道のりだった。
英国の園芸雑誌でも、本種を見て驚喜したさまが書かれている。稀種というべきだ（4月撮影）

46-1

46 チューリッパ・レメルシイ

Tulipa lemmersii

2011年の4月のこと、アクス・ジャバグリ自然保護区の定宿で、つい最近チューリップの新種が発見されたと聞いて、自生地のマシャットへと向かった。早咲きのチューリップなので、もう咲き終わったかと半ば絶望しながらも、それでもあきらめきれず、必死になって探し回った。ついに、幸運にも咲き残った数株を見つけた。嬉しかった思い出のチューリップだ。新種記載されて2年目のことだった。ほかの地域でも本種はまだ見つかっていないようだ。

46-2

46-1. ほとんど花期は終わっていて、かろうじて咲き残った数本のうちの一本（4月撮影）
46-2. 自生地の全景。周囲の草原にいくつか咲き、岩のある標高の高い台地（4月撮影）
43-3. つぼみもあったが、たぶんこのつぼみは咲かずに終わるだろう（4月撮影）

46-3

園芸 チューリップの歴史

多種多様な色や形をした園芸のチューリップは、
どのような歴史を経て、いまのような姿になったのだろうか？

世界を魅了した花

身 近な春の風物詩であるチューリップ。赤白黄色の明快な色合いと印象的なコップ型の宙に浮かぶ花姿、そして子供たちが描く三角山3つの形を思い浮かべる方も多いと思う。この花の運命が大きく動き出したのは、16世紀に遡る。

トルコからヨーロッパへと渡ったチューリップは、たちまち人々の注目を集めることとなり、盛んに品種改良が行われた。その結果、さまざまな色や形をもつ花々が生み出された。今では、世界中に広く受け入れられて人気のある花となっており、国際登録されている園芸品種は2017年3月現在で6,378品種を数える。

渡部哲次（わたべてつじ）
富山県花総合センター

1967年、福島県生まれ。1995年より富山県砺波市のチューリップ四季彩館、2017年より現職で花壇の計画・管理に携わる。幼少より関わってきた球根植物を専門とする。生まれて最初に植えたチューリップは今では入手の難しい赤いチューリップ「ハルクロ」。この花を見る毎に5歳の春に戻れます。

富山県砺波市の砺波チューリップ公園の大花壇一面に咲く色鮮やかなチューリップ

ダック・ファン・トール・オレンジ(左)とダック・ファン・トール・ローズ(右)。両者とも今から300年以上前の1700年に登録された、ごく初期の園芸品種

人気品種の誕生

原種チューリップと園芸品種との関係を考える上で忘れてならない重要な原種が、シュレンキイ (*Tulipa schrenkii*) である。この種の大きな特徴は、花色の多様性にあり、この種そのものの選抜系統と言われているものや、この種同士の交配によって、17世紀末頃から登場した初期の一重早咲き品種である「ダック・ファン・トール (Duc van Tol)」と、ダック・ファン・トールの名を冠する一連の品種として存在している。また、現在の一重早咲き群や八重早咲き群の品種に見られる花びらの先の尖りは、シュレンキイに由来している。

一方、原種チューリップが今日の園芸品種の発展に果たした最も大きな功績がダーウィンハイブリッド群の誕生である。園芸品種とフォステリアナ群、カウフマニアナ群、グレイギイ群など比較的近縁の原種との交雑によって、品種間交雑では得られなかった新しい形質をもつ品種が育成された。

その始まりは、遅咲きのダーウィン群と早咲きのフォステリアナ群を交配すれば、両者の優れた形質をもつ中生咲きの品種がつくれるのでは、という考えからだ。当時多くつくられていた1894年国際登録の「バーチゴン」とフォステリアナ「マダム・レフェーバー」の交配から生まれた「レフェーバースファボリット」「レッドマタドール」「ホーランズグローリー」の3品種が1942年にレフェーバー氏によって発表されると、大きく立派な花が咲くこと、フォステリアナ譲りの丈夫な茎葉をもち、さらに栽培が容易なことが広く受け入れられた。その後、当初は赤のみだった花色が交配親にフォステリアナ種の白花品種やグレイギイ種を使うことなどによりさまざまな花色の品種が生まれ、国際登録されているだけで228品種を数えるまでになった。

チューリップと言えばコップ型の一重咲き(写真左、バイオレット・ビューティ:一重遅咲き系)を想像される方が多いと思うが、雄しべが花弁化した八重咲きの品種(写真右、ウィローザ:八重遅咲き系)が存在し、牡丹や芍薬の花を思わせる豪華さから、花壇や切花で人気がある

原種を活かした交配

品種改良に果たす原種チューリップの役割は年を追うごとに重要になっており、今まで品種改良に使われることのなかった原種モゴルタビカ（*Tulipa mogoltavica*）を交配親に使った品種が登場し、一際目を引くなど、交配親となる原種チューリップは年々増加している。

今後、交配技術の発達に伴い、より多くの原種が交配親として使用されることにより、今までにない色や形の花が咲く、原種の優れた形質を生かした園芸品種に出会えることを心躍らせて待ちたいと思う。

旧来の交配

色や形に変化があるものを選抜
園芸品種同士の交配の場合、その親品種がもつ遺伝的背景などから、さまざまな花色や花形をもった子が生まれるが、親の形質を超えるものは生まれにくい

園芸品種
（バーチゴン）　　原種系統
（マダム・レフェバー）

近代の交配

新しい形質をもつものを選抜
交配親のどちらか片方に原種を使った場合、子が両親のいずれよりも花の大きさや病気・環境に対する抵抗性や生産性などの点ですぐれた形質をもつ、雑種強勢が生まれることがある

● レッドマタドール

1942年に国際登録されたもっとも初期のダーウィンハイブリッド品種の1つ。特に富山県では1950年頃に導入されると、この品種の優れた形質が認められ、1967年から15年間に渡り、もっとも作付面積が多い花として君臨し、赤いチューリップと言えばこの花と言われるほど親しまれた

カラースペクタクル

Colour Spectacle

1本の茎から複数の花が咲く性質をもつ「枝咲き（マルチフローラ）」の品種。開花が進むにつれ花弁の外側から赤みを帯び、派手で強い印象を残す

コズミックダンス

Cosmic Dance

八重咲きで、さらに花弁の外側にノコギリのような細かい刻みの入る品種。太陽光を反射するような強いツヤがあり、遠くからでも目を引く品種

ワールドピース

World Peace

花形が開花終わりまで崩れにくく、写真映えのする品種。最近のダーウィンハイブリッド系の品種に見られる、花びらの縁に地色と違う色が入る「覆輪」と呼ばれる複雑な花色をもつ

サンネ

Sanne

大きな特徴は花に香りのあることで、一般的に香りのある品種はよく晴れた正午頃によく香るものが多いが、サンネは花が閉じている朝や夜にも花に近づくだけで、その香りを感じることができる

近年発表された個性的な品種

近年発表される品種は、市場や消費者が今までと違った花色や花形に興味を引かれる傾向が強いことから、八重咲きで、さらに花弁の外側にノコギリのような細かい刻みの入る品種（例：コズミックダンス）や、八重咲きでも非常に花弁数が多く、盛り上がるように咲く「アイスクリーム」など、より複雑で新規性のある目を引く品種が生まれている一方で、「ラ・ベル・エポック」のような茶色の花色をもつシックな印象の品種が生まれ、人気品種となっている。

索引

● 学名順

Tulipa agenensis	41,47	*Tulipa julia*	55
Tulipa akamasica	44	*Tulipa kaufmanniana*	87
Tulipa alberti	114	*Tulipa kolpakowskiana*	94
Tulipa australis	15	*Tulipa lemmersii*	120
Tulipa bakeri	19	*Tulipa micheliana*	76
Tulipa behmiana	116	*Tulipa montana*	70
Tulipa biebersteiniana	74	*Tulipa ostrowskiana*	96
Tulipa biflora	82	*Tulipa polychroma*	52
Tulipa bifloriformis	110	*Tulipa regelii*	118
Tulipa binutans	92	*Tulipa saxatilis*	22
Tulipa buhseana	90	*Tulipa schrenkii*	68
Tulipa cinnabarina	38	*Tulipa sintenisii*	35
Tulipa confusa	60	*Tulipa sosnovskyi*	56
Tulipa cretica	24	*Tulipa sylvestris*	16,31
Tulipa cypria	42	*Tulipa systla*	50,65
Tulipa dasystemon	102	*Tulipa tetraphylla*	104
Tulipa doerfleri	26	*Tulipa turkestanica*	112
Tulipa florenskyii	58	*Tulipa ulophilla*	84
Tulipa greigii	106	*Tulipa undulatifolia*	28
Tulipa heterophylla	100	*Tulipa urumoffii*	32
Tulipa hoogiana	80	*Tulipa zenaidae*	98
Tulipa humilis	66		

● カタカナ読み順
（チューリッパは省略）

アウストラリス	15	ダシィステモン	102
アカマシカ	44	テトラフィラ	104
アゲネンシス	41,47	トゥルケスタニカ	112
アルベルティ	114	ドエルフレリ	26
ウルモフィー	32	バケリイ	19
ウロフィラ	84	ビエベルシュタイニアナ	74
ウンジュラティフォリア	28	ビヌータンス	92
オストロフスキアナ	96	ビフローラ	82
カウフマニアナ	87	ビフロリフォルミス	110
キンナバリナ	38	フミリス	66
グレイギイ	106	フロレンスキイ	58
クレティカ	24	フーギアナ	80
コルパコフスキアノ	94	ブーセアナ	90
コンフーサ	60	ヘテロフィラ	100
サクサティリス	22	ベーミアナ	116
シストラ	50,65	ポリクローマ	52
シプリア	42	ミケリアナ	76
シュレンキイ	68	モンタナ	70
シルヴェストリス	16,31	ユリア	55
シンテニシイ	35	レゲリイ	118
ゼナイダエ	98	レメルシイ	120
ソフノフスキイ	56		

参考文献

① Anna,Ivaschenko：Tulips and other bulbs plants of Kazakhstan.
Shell Kazakhstan Development B.V..2005
② Anna,Pavord：The Tulip.Bloomsbury Publishing PLC.2000
③ Christopher,Grey-Wilson&Marjorie,Blamey：
Wild Flowers of the Mediterranean.A&C Black Publishers Limited.2004
④ Diana,Everett：THE GENUS TULIPA -Tulips of the world.
Royal Botanic Gardens Kew.2014
⑤ Richard,Wilford：TULIPS -Species and Hybrids for the gardener.
Timber Press.2006
⑥ 『世界花の旅（1）』朝日新聞社（1990）

著者

冨山 稔（とみやま・みのる）

植物写真家。1944年静岡県生まれ。幼いころから自然に興味をもち、ネイチャリングツアー専門の新和ツーリスト㈱や、アルパインツアーサービス㈱で約30年間にわたり世界の野生の花を見るツアーを企画し、講師として55カ国を回る。みねはな会、英国アルパインガーデンソサエティなどの会員。著書に『世界の山草・野草（共著）』『花たちのふるさと』『世界のワイルドフラワーⅠ、Ⅱ』『ヒマラヤの青いケシ（共著）』などがある。

原種の花たち①

チューリップ

ヨーロッパ・アジア9カ国紀行

2018年3月20日 第1刷発行

著者	冨山 稔
デザイン	川路 あずさ（HYACCA）
発行所	株式会社 文一総合出版
	〒162-0812 東京都新宿区西五軒町2-5 川上ビル
編集部	tel.03-3235-7342
営業部	tel.03-3235-7341　fax.03-3269-1402
発行人	斉藤 博
印　刷	奥村印刷株式会社

　（社）出版者著作権管理機構 委託出版物

本誌掲載の記事、写真、イラストの無断転載を禁じます。
ISBN978-4-8299-7222-9
NDC：471　128ページ　四六判（128mm×188mm）
Printed in Japan
©Minoru Tomiyama 2018